火山口有 藍寶石　長白山天池

檀傳寶◎主編　陳苗苗◎編著

中華教育

數百萬年前，一場火山噴發形成了我國最高最大的火山湖——長白山天池。鑲嵌在山巔的它，始終透着一股神祕感。你也想來探祕嗎？

天池也有水怪？

「糖葫蘆串式」巡邏的哨兵

消失的東北虎

重現的梅花鹿

「我帶七萬人來祭祖！」

目錄

傳說玉皇大帝也來寫評語

人參娃娃

最後的木屋村落

天池水怪未解之謎

天池怪獸目擊記

真有 UFO（不明飛行物）嗎？恐龍是怎麼滅絕的？百慕達三角離奇失蹤案是怎麼回事？這些都是人類暫時無法破解的謎團，你對這些世界未解之謎感興趣嗎？

20 世紀 80 年代，中國就曾有一樁轟動世界的神祕事件。

我們先去找一份 1980 年的《光明日報》，翻到 10 月 9 日這一期，據說當年曾經有無數人爭相傳閱過這份報紙。大家關注的是一條驚人的消息，消息的題目是「天池怪獸目擊記」。

文章作者說，1980 年 8 月 21 日早上四點多，當時他正在長白山天池頂部的氣象站門前看日出，突然發現遠處的水面上有一個物體，體大如牛、頭大如盆，飛快地向他游過來，而且背後還拖着一條很長很長的喇叭形划水線。作者當時就覺得很蹊蹺，隨後記錄下來，見諸報端。

天池怪獸消息見報後，引起了軒然大波，為甚

麼這麼說呢？因為長白山本身是一座火山，天池是一個火山口湖，水溫非常低，一直被認為「自古無生物」。目前知道能在這裏生存的，只限於極少數冷水魚。結果這麼大的一個怪物突然之間出現在天池裏，這能不讓所有人都覺得匪夷所思嗎？

其實，早在 100 多年前，深達 373 米的天池就有關於「怪獸」的傳說。據記載，1903 年，有人在天池附近見到了一個大如水牛的怪物，怪物吼聲震天、面目猙獰，人們驚恐萬分，慌亂中用獵槍擊中了怪物腹部，怪物咆哮着迅速隱退到水中。後來，他們回憶說，這個怪物像一條龍。

這之後，親眼看見長白山天池怪獸出現的人越來越多，不過，在目擊者的描述中，水怪的形象各不相同，有人說像恐龍、像

我們記得當初見到的是一條龍。

水怪到底是怎麼樣的？

水牛、像水獺，還有人說像小船、像鍋蓋……這些繪聲繪色的描述越發點燃了人們的好奇心。後來，專家、學者、愛好者們自發成立了民間組織「長白山天池怪獸研究會」，一直跟蹤、收集、研究天池怪獸的蹤跡。

不過，多年過去了，這個真相不僅沒有大白，反而更顯得撲朔迷離，雖然難辨真假，但卻給天池增添了無限的神祕色彩。如果真的存在天池怪獸，那也未必是件多麼恐怖的事情，因為這麼多年來，並未傳出有關怪獸傷人或傷牲畜的報道，況且，牠一直深居簡出、與世隔絕，一定也是單純、善良的。

▼池邊羣峯競秀，山野如洗

玉皇大帝寫評語

傳說，玉皇大帝曾親臨長白山天池。見多識廣的他，也被眼前美麗的景色震懾了，當場揮毫題詞。你猜猜，他寫了甚麼？

原來很早以前，長白山雄偉壯麗的風光就聞名天下，特別是天池奇觀，連各路神仙都驚歎不已。玉皇大帝親臨觀賞天池時曾經興致勃勃地在龍門峯一石上揮毫題字：「山媲五嶽，池美九州」——這便是著名的神碣了。

池美九州

的確，位於長白山之巔的天池之水，深幽清澈，雲山相映下，透出深遠的湛藍，彷彿能融化天空，使人如臨仙境。尤其在冬日，環抱着天池的十六峯，覆蓋着潔白的冰雪，如蓮花瓣般，寧靜無言，讓人敬畏。

從天池傾瀉而下的長白飛瀑，有 68 米落差，是世界上海拔最高、落差最大的火山湖瀑布，遠觀如白絲懸掛，飄然幽雅；近看若銀河倒掛，碎玉飛雪。

去瀑布要穿過一片白樺林，瀑布瀉下的白水從林邊流過，鑲着黑色的邊，有一種來自遠古的色調，似乎火山只是剛剛噴發，一切都還蒙着一層薄薄的火山灰，使人有回到洪荒時代的感覺。

走近中國最大的火山口湖

▲美國馬札馬火山湖

▲日本御釜（Okama）火山湖

▲厄瓜多爾Quilotoa（基洛托阿）湖

　　面積不大，多呈橢圓形，還有山峯環繞。

　　這些湖泊長相相似，因為它們都是火山湖，有着火山湖的天然特性。

▲印度尼西亞Kelimutu（克里穆圖）火山湖

火山噴發後，噴火口內因大量浮石被噴出來以及揮發性物質的散失，引起火山頸部塌陷形成漏斗狀窪地，即火山口。後來，由於降雨、積雪融化或者地下水等原因，火山口逐漸儲存了大量的水，從而形成了火山湖。

▲ 火山噴發

▲ 形成火山湖

　　火山暴烈、危險，卻塑造出美得讓人窒息的湖泊，長白山天池就是這麼來的。

　　長白山天池海拔 2100 多米，是經過多次噴發形成的火山口，目前長白山是一座休眠火山。據歷史記載，16 世紀以來，長白山噴發過三次，最近的一次是在 1702 年。因為火山噴發，長白山上形成了一個巨大的火山湖，即長白山天池。天池水面面積 9.82 平方公里，平均水深 204 米。

　　天池周圍，羣峯屹立，其中海拔超過 2500 米的山峯就有 16 座，山頂幾乎全由距今 1.2 萬年前後噴發的火山灰和淡黃色浮岩所組成。環繞着天池的山體形狀和顏色都跟普通山體明顯不同，有黑色火山灰組成的，有被火山噴發燒成紅色岩漿再凝固的，如果你留心觀察，會發現它們還保留着火山岩的遺韻，足以讓人浮想聯翩。

看來，正因為 1702 年的那次火山大噴發留下的獨特設計，才讓我們今天有緣見識到天池的風采。

▲ 長白山自然博物館裏的火山噴發廳，用多媒體技術控制聲、光、電，形象逼真地演示出了長白山火山噴發時的全過程，使觀者身臨其境，流連忘返

浮石。由長白山火山爆發後噴出的岩漿所形成。它全身是孔，孔中灌滿了空氣，因而身體很輕，無論多大體積都能漂浮於水面上，因此得名「浮石」。

哇！

英國路透社報道認為，長白山天池怪獸和英國尼斯湖水怪一樣，可能是已經滅絕的蛇頸龍。他們還根據錄像和視頻，畫出了天池水怪的構想圖。

有機會時，去圖書館查閱1980年10月9日的《光明日報》，根據描述，嘗試畫一個你想像中的天池水怪吧。

哇！難道說我在中國還有同類？

未解之謎是人們用現有的科學技術手段，或者按照正常的思維邏輯以及推理方式無法解釋的自然、天文、歷史等現象。

 你還了解哪些世界未解之謎？為甚麼對它們感興趣？

天池探寶

林海裏的人參娃娃

　　走進長白山天池景區，就像走進了一個神祕的世界，這裏集瀑布、溫泉、峽谷、原始森林、雲霧、冰雪為一體，初來乍到的人很難進入，在過去，唯有經驗豐富的老獵戶才能找到通往天池的路。

千里林莽，危險叢生，除了探祕，還有甚麼別的收穫呢？

百草之王——人參。因為長得像人體，所以起名叫人參，傳說中它能起死回生，儘管誇張，但也足以說明它的珍貴價值。 我國現存最早的中藥學專著《神農本草經》就已將人參當成藥物收入。到現在，還有很多有趣的故事與偷人參有關，其中以「人參王國」最為知名：人參王國的至寶人參娃娃丟了，原來是天池怪獸搞的鬼，於是驚心動魄的奪寶故事開始了。根據這個故事改編成的動畫片還曾榮獲多項國際大獎。

與故事相比，挖人參可能更有趣，有很多聞所未聞的習俗。

發現人參時，立即大聲呼叫「棒槌」，然後趕緊跑上去用紅絨繩套住它。據說，只有大聲喊「棒槌」，人參才會被「定住」，不再逃跑。如果發現看錯了，套住了一棵草而不是人參怎麼辦呢？按規矩，即使是草也要挖出來拿着，這叫「喊炸山」了。

▲我像人形嗎？

▲每年七八月正是人參開花的季節，紫白色的花朵結出鮮紅色的漿果

棒槌！

我可不是那麼容易被定住的！

聽起來，挖人參像玩遊戲，但實際上，困難重重。採參人身上幾乎都是傷，小傷是樹枝刮的，石頭碰的，小動物咬的、撓的，大傷就是碰上了老虎、熊所導致的。很久以前，這裏有個順口溜：都說人參是個寶，參苗卻要血來澆。根根白骨拋山崖，採參人不如一根草！

當地居民在山裏從事各種勞作，見了面除了互相問好外，還會互相幫助。當有人出了意外，大夥兒絕不單獨下山，一定要集體去尋找，哪怕尋見的是一堆白骨，也要背回家去交給他的親人。

通過多年來的研究，如今，我們已經可以模仿野山參的生長環境來繁育人參，只是這種培育需要花費大量心血和時間。一些不法商販缺乏這種耐心，就利用化學農藥和現代工藝仿造出野山參。

把工藝花在造假上，是心靈手巧的表現嗎？

過去，在長白林海，如果你一個人走累了，餓了，見着人家儘管進去，主人如在家定會熱情地款待你；主人如不在家，你只管吃，只管住，臨走時，在灶裏抓把灰撒在門口就行，表示來過人了。主人回來一看，就會高興地說：「咱家來客了！」

數數它幾歲

數數它有幾歲？

這是長白落葉松的樹根，根據橫截面上的年輪，你能猜到它多大了嗎？240 歲！

天池之水終年不斷地向外流淌，最大外泄流量為 3.42 立方米／秒，最小為 0.88 立方米／秒，在它的滋潤、養育下，長白山區被稱為林海。古代，這裏人跡罕至，迄今仍保有大片原始森林。這裏的樹不僅年齡大，有些還容顏不老，比如說，美人松。就像黃山的「迎客松」一樣，美人松已成長白山的一個代表性景觀。

都說美人年輕時驚豔美麗，而美人松則是越老越俏，百年以上最為好看。它們或單株獨處，如深閨少女；或成片共存，像佳麗雲集。那棕黃透粉的樹皮，像美人的豔麗長裙；常綠的樹冠，似美人的濃濃雲鬢；左右伸展的長長樹枝，更如美人的纖纖玉臂和舒展的廣袖。美人松不僅有婆娑多姿、風姿綽約的外形，更有搏風傲雪、不懼嚴寒的勇氣。越是冰天雪地的嚴冬，她們越是青翠欲滴。而且，不知道是不是因為天池之水的神妙，美人松竟然沒有任何病蟲害，堪稱自然界的奇跡。

意猶未盡地欣賞完美人松，「地下森林」就向你招手了。這片神祕莫測的森林，能充分滿足久居城市之人回歸自然、獵奇探險的願望。

「地下森林」堪稱大自然的神來之筆。火山活動造成大面積地層下塌，形成巨大的山谷，使整片整片的森林沉入谷底。

　　來到棧道盡頭，你會感歎，自然界怎麼會有這樣的森林，按大自然的規律，樹木都是長在地面上，可是這一片森林卻生長在懸崖峭壁之下的峽谷底處。大樹參天，蒿草伏地，枯木倒臥，古藤纏繞，呈現出最古樸、最自然的原始風貌。

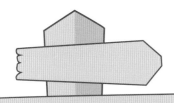

　　當你看到一棵樹時，請深深地呼吸並且說聲「謝謝」！
　　一棵樹一年平均釋放氧氣 27.3 萬升，一個成年人一年需要氧氣 13 萬升，所以一棵樹釋放的氧氣可以滿足兩個人呼吸，並消耗掉他們呼出的二氧化碳。現在，你已經進入具有高含量負氧離子的天然氧吧，請大口呼吸吧！

在長白林海中，常能看到這樣的小貼士：當你看到一棵樹時，請深深地呼吸並且說聲「謝謝」！

▼長白山地下森林

為甚麼會有地下森林？

野獸歸來

車行路上，忽然與野生動物不期而遇，這是多麼令人心跳加速的邂逅。

走進長白山，公路邊經常會看到這樣的提示：「動物出沒，減速避讓」，提示牌上同時標有松鼠等野生動物圖案。

以長白山天池為中心，總面積196 465 公頃的長白山自然保護區建於 1960 年，是我國建立最早、地位最重要的自然保護區之一，這裏也是歐亞大陸北半部最具有代表

性的典型自然綜合體，是世界少有的「物種基因庫」和「天然博物館」。其中，國家一級保護動物有東北虎、丹頂鶴、金錢豹、梅花鹿、紫貂、白鶴、黑鸛、白肩鵰、金鵰、中華秋沙鴨等。國家二級保護動物有豺、黑熊、棕熊、水獺、猞猁、馬鹿、青羊（斑羚）、鶚、鳶、鳳頭蜂鷹、蒼鷹、雀鷹、花尾榛雞等。

當這些動物忽然出現在你身邊時，你還真不一定當場就能認出牠們來。比如說紫貂吧，傳說紫貂是人類的朋友，如果有人在山裏凍僵了，牠會爬到他的胸口為他暖身子，直到把人救過來。在長白山風景區工作的小王第一次在棧道上遇見紫貂時，就錯把牠當成遊客帶來的寵物狗，後來才知道是紫貂。

　　這裏曾有「百獸棲息地，千鳥競飛林」之稱，但過度獵捕導致野生動物種羣急劇減少，生物鏈遭到嚴重破壞。20 世紀 90 年代，國家對這一地區制定了禁止獵捕野生動物的政策，一些瀕臨滅絕的馬鹿、黑熊、猞猁、野生梅花鹿等隨之重現蹤影，雉雞、野兔、麅子等又頻頻出現在人們的視野之中。

▲馬鹿

◀野生梅花鹿

▼黑熊

▼猞猁

▲麂子

▲雉雞

◀野兔

天池杜鵑破雪開

依據科學理論，天池是火山噴發後形成的，依據想像，天池跟一位勇敢的滿族姑娘有關。

在很久很久以前的一天，長白山頂峯忽然黑風大作，火光沖天，原來是火魔佔據了長白山頂。從此，火魔每年都要興妖作怪，肆虐山林，以至於長白山腳下樹木成焦、花草化灰、飛禽絕跡、走獸逃亡，山民們再也無法安生了。

在長白山腳下的一個村子裏，有一位勇敢、善良的姑娘，在她出生的時候，滿山遍野盛開着紅紅的杜鵑花，因此，鄉親們都叫她「僧吉利」（滿語的意思是杜鵑花）。僧吉利姑娘不忍看到鄉親們遭受苦難，決心要除掉火魔，奪回聖山。

僧吉利姑娘按照神仙的指示，帶着冰塊，騎上天鵝，瞅準火魔噴着火柱的大口，一頭扎了下去，鑽進火魔的肚子裏了。只聽見一聲巨響，山頂塌陷，出現了一個深深的大坑，熊熊的火舌收

這裏的杜鵑花不怕冷嗎？它們有甚麼特殊的基因嗎？

我是火魔，美麗的女孩，你真敢鑽進我的肚子嗎？你覺得值得嗎？

縮進了深坑之中。

風神來了，吹散了
濃煙；雨神來了，
注滿了深坑；雪神
來了，冷卻了熔岩。

從此，山又青了，草又綠
了，鳥語花香，鹿歡馬嘶。生活
在長白山腳下的百姓們得救了。

　　僧吉利姑娘從天而降，治服了火魔，人們為了紀念這位勇敢、善良的姑娘，就把長白山頂上這個巨大的水坑叫做天池。

　　也許是因為僧吉利的力量，當長白山山頂依然白雪皚皚，天池也還在冰封之中時，大片大片雍容華貴的杜鵑花就早早來報到了。它們頂風破雪、傲然開放，蓬勃的生命力使天池躍然生輝。

　　雖然天池附近是生命的脆弱地帶，然而，高山杜鵑就在這裏找到了落腳點，向我們展示了無法估量的生命力量。由於環境的限制，它們一般不到 20 厘米，有的甚至更矮。但是它們不甘寂寞，在這裏組建起堅強的羣體，淺黃色、乳白色、淡紅色……與遠處的皚皚白雪相映成趣，難道它們有甚麼特殊的基因嗎？

科學探險隊二‧探祕東北虎

牠威風凜凜，喜歡揀平坦大路走，與人碰上也不畏縮，跟其他野生動物慣常的躲藏迥然不同。牠是百獸之王。猜猜牠是誰？

老虎！

在長白林海，東北虎既威猛又靈活。早年人們對野生動物保護不夠重視，任意捕獵，加之森林面積減少，東北虎更是所剩無幾，蹤跡難覓。查找一下100年前與目前全世界的老虎分佈，看看這100年來絕種的老虎種類有哪些。

東北虎真威風！你能從下面準確選出東北虎的習性嗎？

獨居

羣居

日行

夜行

善游泳

不會游泳

善爬樹

不會爬樹

長白山下我的家

康熙的快樂時光

7萬人，10公里長的隊伍，康熙皇帝去長白山祭祖，幾乎是把家都搬來了。

除了美景和寶藏，長白山天池還隱藏着一個王朝的興衰。

傳說，遠古時天上的天河與天池相連，天上有個仙女叫佛庫倫，她非常喜歡和天宮的姐妹們一起去天池戲水、玩耍。有一次，一隻喜鵲口銜紅果飛過天池，紅果掉落在小仙女佛庫倫的衣服上。佛庫倫見紅果可愛，穿衣時便把它含在嘴裏，不料一個不小心嚥進肚裏，她竟然懷孕了。後來，她生下了一個剛降生就會說話的孩子，這就是滿族的遠古始祖。

《山海經》中，長白山以「不咸山」的名字載入史冊，意思是「有神之山」。

長白山天池是松花江、圖們江、鴨綠江三江之源。自古以來，生於斯，長於斯的東北民族就對長白山懷有崇拜之情。由古老的肅慎族一脈相承下來的滿族人，更是把長白山視為精神家園。

　　後來，滿族人建立了中國最後一個封建王朝——清，儘管身在紫禁城，但清代皇帝從沒忘記長白山，包括康熙皇帝在內，都曾多次派人回來祭祖。

　　1682 年，康熙從北京出發，過山海關，經遼寧瀋陽，赴吉林祭拜長白山。這支隊伍有多壯觀呢？7 萬人，10 公里長，真可謂浩浩蕩蕩。康熙幾乎是把家都搬來了，妃子、兒子、親戚、大臣、宮女、太監、廚師、馬夫、太醫，以及帳篷、寢具、鍋灶、餐具，還有準備沿途宰殺的千餘頭牛羊，都成羣趕着，跟在大隊的後面。

一路上，康熙心情非常激動，一方面，回鄉祭祖令他心潮起伏；另一方面，暫時遠離了紫禁城中批不完的奏章，讓他神清氣爽。有一次，他命人將自己釣上來的鱘魚和鯽魚剁成段醃製後，馬不停蹄地送給家裏的奶奶品嚐。你猜猜，他的皇祖母吃到孫子親手釣上來的魚，會是甚麼心情呢？

讓康熙感到更愉快的是，他還過足了狩獵癮。東巡出了山海關，就進入了天然的圍場，這能不讓整天坐在「辦公室」裏的年輕皇帝欣喜嗎？在圍獵中，康熙皇帝還特別下了一道聖旨：圍獵時要留一個口子，對野獸也不能趕盡殺絕。從這道聖旨來看，你覺得康熙的環保理念怎麼樣？

這是皇上祭祖途中釣的魚，醃製好了，特意拿給您品嚐。

孩子真有孝心！

康熙祭祖路上都吃些甚麼？

酸菜、菠菜、芹菜、韭菜、茄子、水蘿蔔……這些都是如今我們餐桌上常見的家常菜，可如果説康熙皇帝也吃這些，你恐怕不會相信。然而，據史料記載，康熙雖多次出巡，但每次都不鋪張，餐桌上都是老百姓的家常菜。

通過這些菜，你能感受到康熙的生活理念嗎？

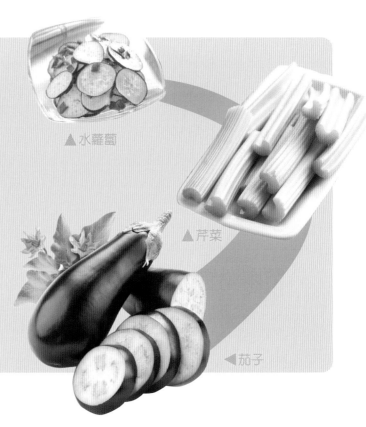

▲水蘿蔔

▲芹菜

◀茄子

勘察長白山第一人

「二百年前傳五姓，一人兩屋即成村」，這是 100 年前長白山區自然環境的記載。當年的長白山人跡罕至，山高林密，交通險阻，氣候惡劣，山上十日九霧，時而冰雹驟至，時而狂風大作。想勘測天池，工作難度可想而知。

清政府曾多次派人探測勘察長白山，但是，每一次大張旗鼓的勘察總是半途而廢、無功而返。有的勘察員一進林海就迷失了方向；有的遇虎、狼襲擊，嚇得魂飛魄散；更有的未到山頂，見到濃霧湧來，便以為是祖先神靈發怒，慌忙磕頭跪拜，轉身狼狽下山。

1908 年，43 歲的劉建封由瀋陽起程，前往長白山執行勘察任務。在勘察過程中，他嚴肅認真，一絲不苟，不畏艱險，勇往直前。若隨行人員中有人怕苦怕死、心有退意，他便會擺事實、講道理，以身示範，走在眾人的前邊。

他曾在勘察中不慎墜馬，冰涼刺骨的水流把他從昏迷中拍醒，隨行的隊員七手八腳地將他從深深的谷底拽了上來，他受傷後只在擔架上休養了三天就再也躺不住了，沒等傷痊癒，又率眾來到長白山。

糟啦，我們是不是迷失方向了？聽說，以前來的勘察隊都是這樣半途而廢的。

面對碧波如鏡的天池，劉建封滿懷激情地吟出「遼東第一佳山水，留到於今我命名」的豪邁詩句。他從最高的山峯開始依次序給這 16 座山峯起名字。

只見他盯住一座座山峯仔細觀察，然後凝眉沉思，很快就十分形象、準確地給這些山峯起了如下的名字：白雲峯、冠冕峯、白頭峯、三奇峯、天豁峯……

遼東第一佳山水，留到於今我命名。

前前後後共四個多月的時間裏，他們踏遍了以天池為核心的長白山，採用近代測繪手段，繪製了第一張長白山天池圖，並出版了相關畫冊，向世界全方位地展示了長白山的荒古、神祕、壯美和恢弘，也為後人研究長白山提供了重要的歷史文獻。

▼ 天池被巍峨陡峻的十六峯環抱着

天池哨所怪事多

天池是一個界湖，中朝兩國的國境線有一段就從湖中劃過。天池哨所就駐紮在這裏，守衛着美麗的國土。探訪過哨所的人都說，這裏怪事多。怎麼個怪法？我們這就一探究竟！

第一怪：麻繩繫成糖葫蘆串。

你吃過東北特色糖葫蘆嗎？不知道是不是糖葫蘆的原理啟發了哨兵，為了克服天池雪硬風大的氣候特點，巡邏的戰士們想出了一個土辦法：用繩子將每個人串綁起來，像糖葫蘆似的一個「串」着一個。

是不是太誇張啦？如果你親臨其境，就知道這麼做的原因了。

天池哨所位於海拔 2622 米處，平均氣溫零下 7.3 攝氏度，最低溫度可達零下 47 攝氏度，全年降雪日數 145 天，8 級以上大風日數 269 天。有一次，狂風將哨所重達 10 噸的鐵質屋頂掀起了一半，風速已經超出了旁邊氣象觀測站儀器的測量範圍。

第二怪：春聯貼在門框裏。

貼春聯是春節的傳統習俗。可到了大年三十，天池哨所卻見不到紅紅的春聯。是真的沒有貼嗎？定睛一看，原來春聯貼在門框裏！

為甚麼呢？對聯在門外根本貼不住。室外氣溫是零下 40 多攝氏度，別說是漿糊一下子就凍硬了，就是潑出去一瓢開水，掉在地上也成了冰碴。早些時候，也有新來的戰士不信邪，想方設法要將春聯貼到門外。先是端來滾燙的漿糊，可一刷就變成了冰坨。後來，用烤熱的透明膠紙把春聯封到了門上，並釘上了 4 枚鋼釘，可沒想到，第二天一早卻變成了掛滿冰霜的「白條」。

第三怪：雪水刷牙、洗臉。

冬天大雪封山時，山下給養送不上去，哨所官員只能化雪水來洗漱，洗漱用水再用來沖洗廁所，一個月才能洗一次澡。第一次用雪水刷牙、洗臉，是甚麼感覺？涼！第一次被狂風吵得徹夜未眠，是甚麼感覺？睏！

冰雪覆蓋下的天池如夢如幻，慕名而來的遊客陶醉於大自然的鬼斧神工，「咔嚓、咔嚓」紛紛忙着合影留念。殊不知，對天池哨兵來說，這裏是最危險的巡邏地帶，周圍全是火山噴發留下的浮石，稍有不慎，就有踩塌碎石造成塌方的可能。

▲ 雪水刷牙是甚麼感覺？

長白山山路曲曲折折，共有72個「肘彎」

31

面對理想與現實的蹺蹺板

一個通信工程專業的博士生，畢業時，同班同學大多去了高校、政府機關或名企工作，他卻主動請纓奔赴艱苦的天池哨所。很多人不理解他的選擇，認為他會後悔。

他為甚麼會做出這個選擇？你能理解嗎？如果你是他的家人、朋友、同學，會支持他嗎？

開闢江南的泰伯，在異鄉白手起家。

以錢學森為代表的「兩彈一星」功臣，為了國家榮譽，甘於寂寞。

33

不到長白終身遺憾

天池變臉快

　　作為一座沉寂了 300 多年的休眠火山，長白山擁有獨特的地理構造，形成了綺麗奇特的景觀。最奇特的一點是，受山地地形垂直變化的影響，從山腳到山頂，隨着高度的增加形成了由溫帶到寒帶的四個景觀帶。在平地上，要行走幾千公里才能觀賞到這種變化呢！而在長白山，從山腳走到山頂，垂直不過 6 公里，便可欣賞到「一山有四季，十里不同天」的罕見景致。

　　受其影響，天池氣候更是瞬息萬變。剛才還是豔陽高照，頃刻間雲霧繚繞或暴雨強雪、冰雹大風。當風力達 5 級時，池中浪高可達 1 米以上。如同任性的少女發怒，平靜的湖面霎時狂風呼嘯，沙石飛騰，甚至暴雨傾盆，冰雪驟落。

盛夏季節更是風雨不定，有時一日之內，甚至一小時之內就可能發生幾次變化，剛剛還是驕陽直射、灼熱烤人，忽然黑雲滾滾、電閃雷鳴、大雨傾盆，山峯、湖面瞬間淹沒在風雨之中。

一山有四季，
十里不同天。

想見天池一面並非易事，哪怕你不遠千里，慕名而來，也未必能一睹她秀麗的容顏。更多的時候，你看到的是腳下的雲和霧。據統計，天池全年的霧日達 265 天，已經超過了一年總天數的 70%。難怪有人形容，天池就像在水一方的佳人，總是若隱若現。

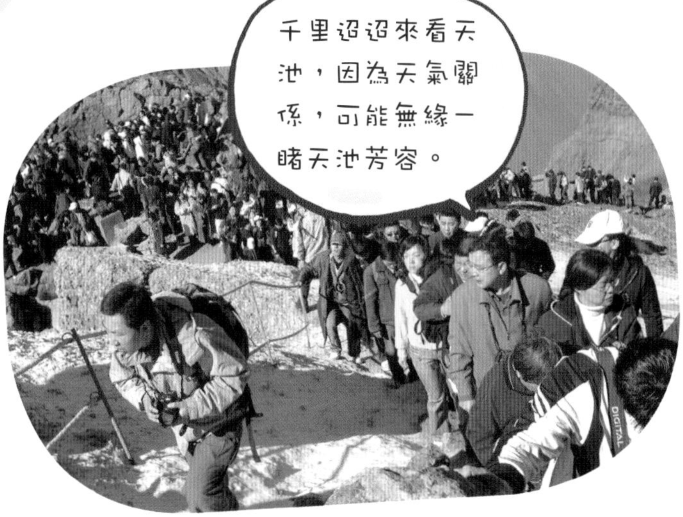
千里迢迢來看天池，因為天氣關係，可能無緣一睹天池芳容。

右圖中，愛好自然、喜歡探險的遊客們頂着狂風，向前艱難地移動着腳步，為的就是見識一下天池的神祕風采。1983 年夏，鄧小平登上長白山頂，流連於天池水旁，題寫「天池」二字，並發出讚歎：人生不上長白山，實為一大憾事！

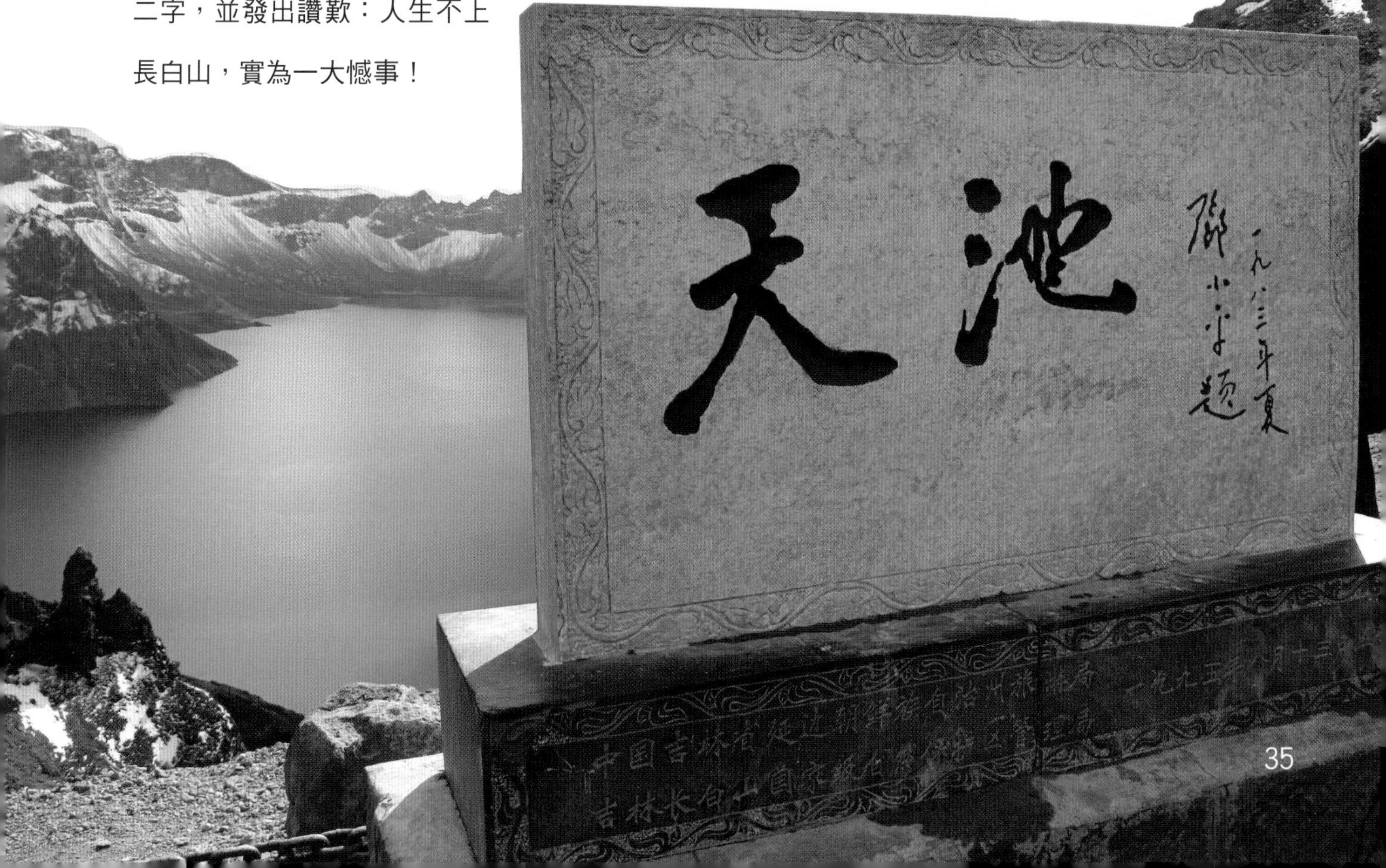
天池
一九八三年夏
邓小平题

當一次雪山飛狐

冬季的長白山是名副其實的雪的王國。山峯、池水、森林、草地都覆蓋着皚皚白雪，像一幅清新、素雅的水墨畫。

長白山的冰雪資源得天獨厚，雪厚達 1～2 米，深處可達 3～4 米，而且，雪質輕柔、鬆軟、潔白無瑕。在天池腳下的滑雪場裏，你可以做雪雕、踢雪地足球、駕雪橇，還可以滑雪，盡情體驗當「雪山飛狐」的感覺。

當你感覺寒氣徹骨的時候，這兒還有一個特別的地方——温泉。

長白山天池每年 11 月末封凍，冰層厚達 1～2 米，但神奇的是，即使是寒冬臘月，天池水依然從冰面下的乘槎河流出，飛騰直下形成高達 68 米的長白飛瀑。瀑布下游約一公里處的聚龍泉温泉羣，泉水温度在 60 攝氏度以上，最熱泉眼可達 82 攝氏度。在零下 30 攝氏度的環境下，

泡在温泉裏，四周是皚皚的雪山，耳旁是雪原深處傳來的天籟之聲，體會那置身人間仙境的奇妙⋯⋯餓了的話，你還可以在泉眼內放入雞蛋，20 分鐘即熟，蛋清滑嫩、蛋黃可口。

温泉水氣遇到寒冷空氣，形成獨具一格的温泉霧凇。

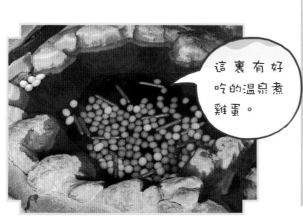

這裏有好吃的温泉煮雞蛋。

▲ 馬拉雪橇──體驗最原始的交通工具

長白山腳下，有幾十座目前保存最完好的木屋。在這個木頭世界裏，屋頂、圍牆全都是木頭做的，室內的桶、盆、勺子也都是木頭做的，可以想像當年的山民，是如何就地取材，運用智慧製作了這些生活物品。據說是 20 世紀 90 年代一位畫家在森林裏寫生時「發現」了這些特別的建築，有史學家稱它們為「世界上最後的木屋村落」。

我的家在中國・湖海之旅 ③

火山口有
藍寶石 | 長白山天池

檀傳寶◎主編　陳苗苗◎編著

責任編輯：梁潔瑩
裝幀設計：龐雅美
排　版：時潔
印　務：劉漢舉

出版 / 中華教育

香港北角英皇道 499 號北角工業大廈 1 樓 B
電話：（852）2137 2338
傳真：（852）2713 8202
電子郵件：info@chunghwabook.com.hk
網址：https://www.chunghwabook.com.hk/

發行 / 香港聯合書刊物流有限公司

香港新界荃灣德士古道 220-248 號
荃灣工業中心 16 樓
電話：（852）2150 2100
傳真：（852）2407 3062
電子郵件：info@suplogistics.com.hk

印刷 / 美雅印刷製本有限公司

香港觀塘榮業街 6 號
海濱工業大廈 4 樓 A 室

版次 / 2021 年 3 月第 1 版第 1 次印刷
©2021 中華教育

規格 / 16 開（265 mm x 210 mm）